中国科学院生物与化学专家 胡苹 著
星蔚时代 编绘

中信出版集团 | 北京

图书在版编目（CIP）数据
万物构成的奥秘 / 胡苹著；星蔚时代编绘.
北京：中信出版社, 2025. 1（2025. 2重印）. -- (哈！看得见的化学
). -- ISBN 978-7-5217-7066-7
Ⅰ. O6-49
中国国家版本馆CIP数据核字第2024XV8849号

万物构成的奥秘
（哈！看得见的化学）

著　　者：胡苹
编　　绘：星蔚时代
出版发行：中信出版集团股份有限公司
（北京市朝阳区东三环北路27号嘉铭中心　邮编　100020）
承 印 者：北京瑞禾彩色印刷有限公司

开　　本：889mm × 1194mm 1/16　　印　　张：3　　字　　数：150千字
版　　次：2025年1月第1版　　印　　次：2025年2月第2次印刷
书　　号：ISBN 978-7-5217-7066-7
定　　价：64.00元（全4册）

出　　品：中信儿童书店
图书策划：喜阅童书
策划编辑：朱启铭 史曼菲
责任编辑：房阳
特约编辑：范丹青 李品凯 杨爽
特约设计：张迪
插画绘制：周群诗 玄子 皮雪琦 杨利清 李佳文
营　　销：中信童书营销中心
装帧设计：佟坤

目录

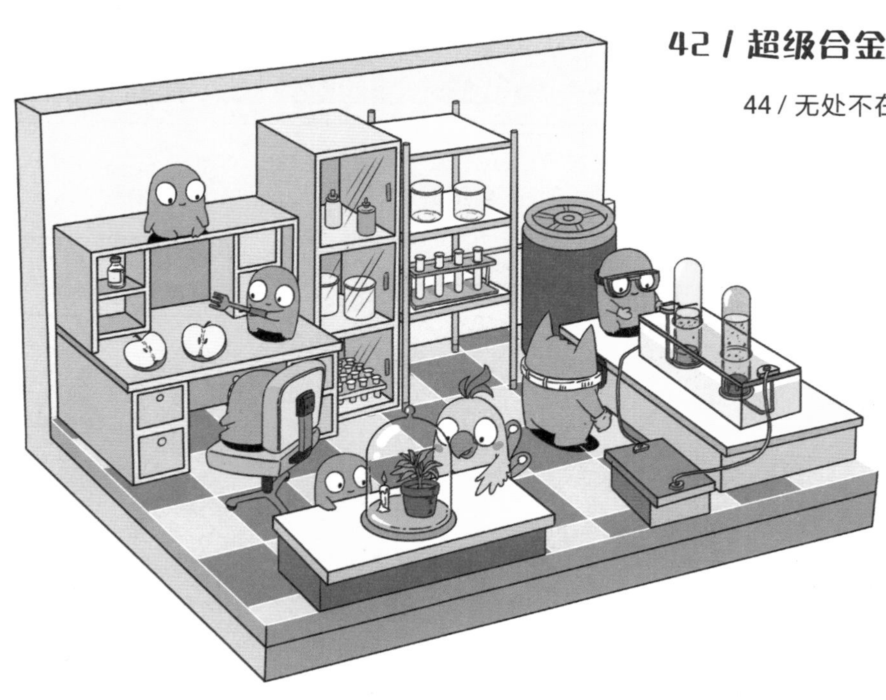

走进化学的世界

欢迎
你们好！很高兴见到你们！
欢迎来到化学王国！快进来吧。
在这里你能知晓物质世界变化的奥秘！
物质世界的变化？
对，我们生活的世界由物质构成，物质会相互影响，还会不断变化。
物质的变化有很多种吗？
是的。
物质的变化有物理变化与化学变化。
比如冰会融化成水，从固态到液态，不过它们是同一种物质。
啊，华丽的冰雕融化了。
液态的水还会蒸发变成气态的水蒸气，但它的本质依然没变。这种本质没有发生改变的变化叫物理变化。
哦，都是水自己在变来变去啊。

很久以前，有一种特殊的职业，叫作炼金术士。他们研究物质的变化和原因。

炼金术士们没日没夜地研究如何把廉价的金属变成珍贵的黄金等贵金属。

有时他们还为皇室研制长生不老药。

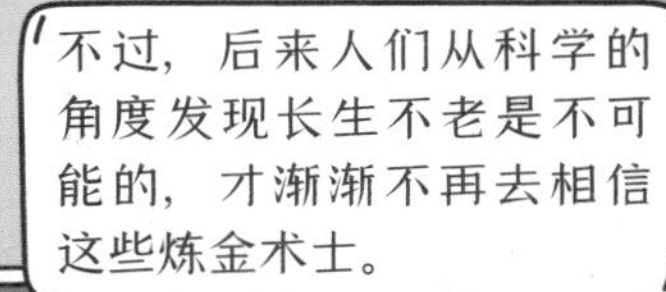

试试分清物理变化与化学变化

在我们的生活中，物质经常会发生各式各样的变化，其中有物理变化，也有化学变化。现在让我们用科学的视角来分析一下生活中所见的物质变化，看看它们哪些是物理变化，哪些是化学变化吧！

生活中物质的变化有很多，都很有趣的。

可是我怎么有点晕呢？

别担心，让我们来帮你厘清吧。

细心观察身边的一切，就能找到藏起来的化学奥秘！

熔化的黄油

黄油受热熔化，不过黄油还是黄油，是物理变化。

会发热的自热包

使用自热火锅时，水与自热包中的粉末接触后，释放大量的热，可以加热食品。

用水就能加热的火锅真方便。

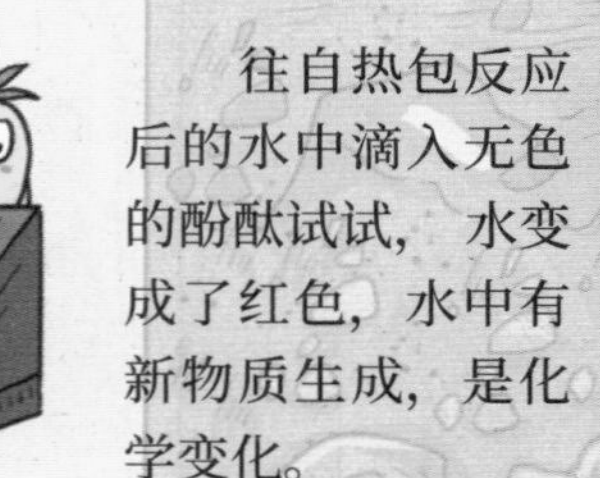

用板子挡住冒出的白色热气，热气凝成了水，这是水的物理变化。

往自热包反应后的水中滴入无色的酚酞试试，水变成了红色，水中有新物质生成，是化学变化。

树叶腐败

微生物分解

植物的落叶掉在地上会被细菌、真菌等生物分解，它们最后会变为植物生长所需的养分，这种分解过程中也包含了化学反应。

小知识

煤炭的生成

一些在沼泽或湖泊边的植物死后落入水中，变成泥浆。

泥浆在漫长的时间和地壳运动中被深埋地下，变化成褐煤。

在地下压力和温度的作用下，褐煤最终转变为煤炭。

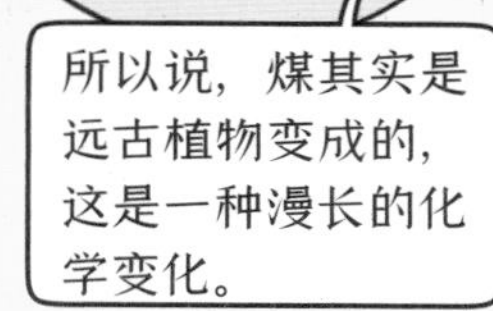

所以说，煤其实是远古植物变成的，这是一种漫长的化学变化。

水果酿酒

水果酿酒的过程包含化学反应，这些反应发生在酵母菌分解果糖，产生酒精和二氧化碳时。

水循环

自然环境中的水蒸发变成水蒸气，水蒸气在高空中重新变成小水珠，变成云，然后又变成雨、雪落下，这一系列水的变化是物理变化。冬天湖水会结冰也是水的物理变化。

金属生锈

在一些铁制品上，我们会发现红褐色的铁锈。它不同于原来的铁，是一种新的物质，产生锈的过程是一个化学反应。

燃烧的木头

木头燃烧，变成灰烬，燃烧释放了热量，产生了烟雾，是化学变化。

如果我们在炭火上方罩一个内壁涂有澄清石灰水的玻璃杯，你会发现玻璃杯变白了，说明有东西与石灰水反应，炭的燃烧产生了新的气体，这都属于化学变化。

会“隐身”的分子们

你们在玩什么呀？
我们在比谁切的橡皮泥更小。
让我来试试。
你们看，我切出了超级小的一块。
哈哈，其实这个还可以再切小点的。
不可能！你看，这已经是最小了，完全没法再切了。
虽然看起来是很小一块，但其实里面还有好多好多个分子呢。
分子？那是什么？
分子是构成物质的小粒子呀。世界上绝大多数的物质都是由分子组成的。
分子组成物质就好比积木组成城堡。
好多个小积木组成了这个城堡，同样，好多个分子组成了这块橡皮泥。
可是我能看到积木，但为什么从来没有看见过分子？
这是因为分子太小了，我们根本无法用肉眼看到。

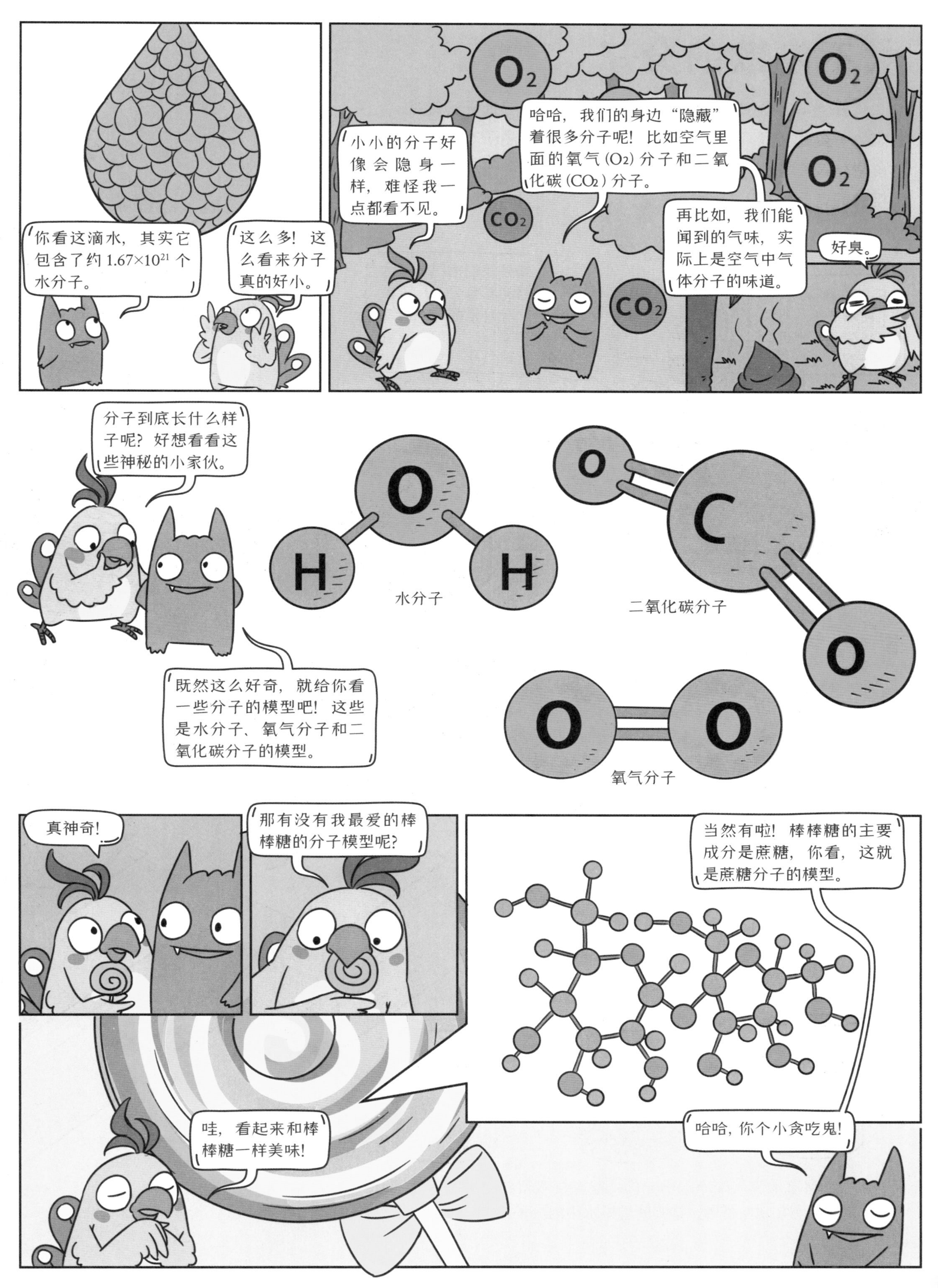
你看这滴水，其实它包含了约1.67×10²¹个水分子。
这么多！这么看来分子真的好小。
小小的分子好像会隐身一样，难怪我一点都看不见。
哈哈，我们的身边“隐藏”着很多分子呢！比如空气里面的氧气（O₂）分子和二氧化碳（CO₂）分子。
O₂
CO₂
再比如，我们能闻到的气味，实际上是空气中气体分子的味道。
好臭。
分子到底长什么样子呢？好想看看这些神秘的小家伙。
既然这么好奇，就给你看一些分子的模型吧！这些是水分子、氧气分子和二氧化碳分子的模型。
水分子
二氧化碳分子
氧气分子
真神奇！
那有没有我最爱的棒棒糖的分子模型呢？
当然有啦！棒棒糖的主要成分是蔗糖，你看，这就是蔗糖分子的模型。
哇，看起来和棒棒糖一样美味！
哈哈，你个小贪吃鬼！

永不停歇的分子

你知道吗？组成世界的分子们，时时刻刻都处于运动的状态，一刻都停不下来。花朵散发芳香、阳光晒干衣服、冰激凌融化等都和分子的运动有关，你还能发现哪些和分子运动相关的有趣现象？快来找找吧！

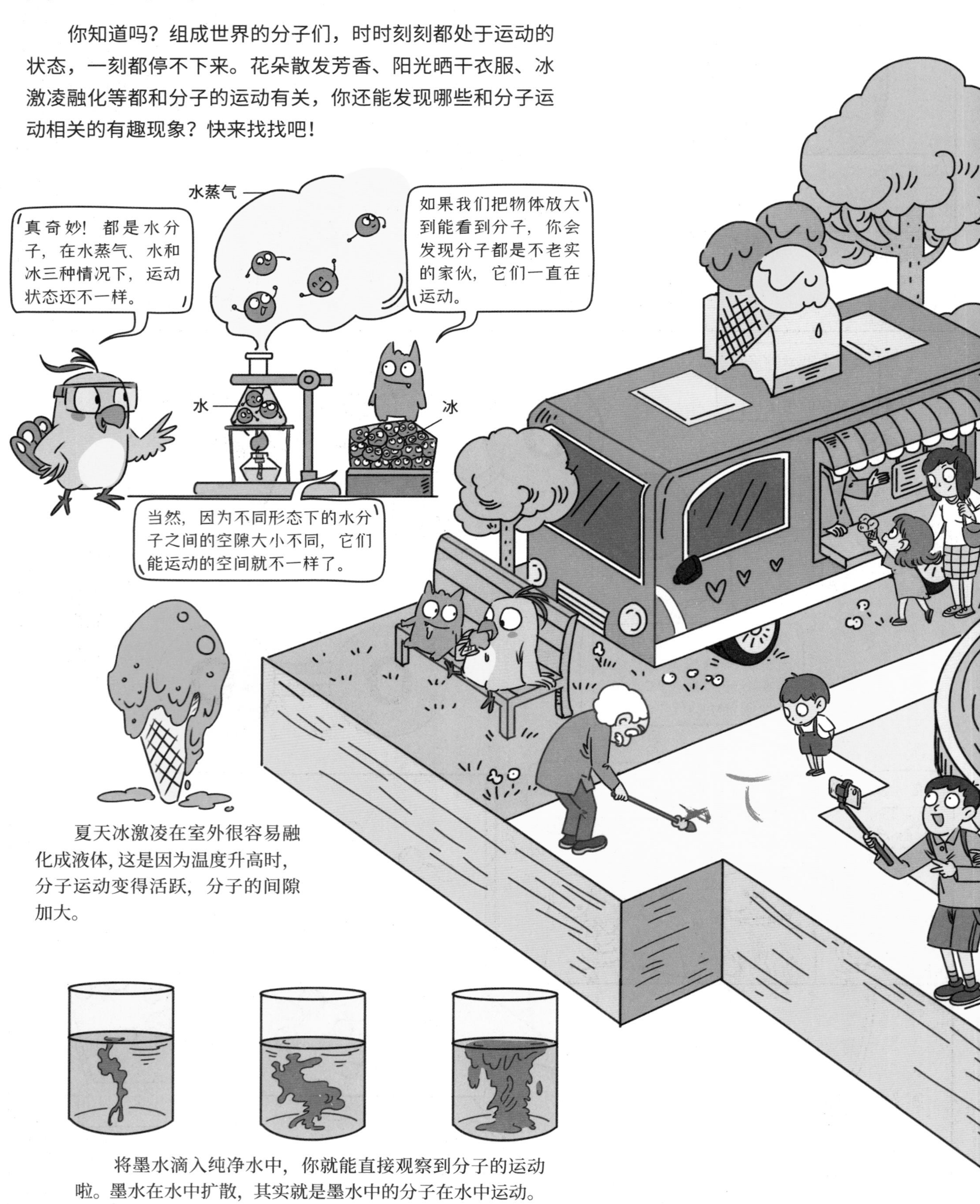

夏天冰激凌在室外很容易融化成液体，这是因为温度升高时，分子运动变得活跃，分子的间隙加大。

将墨水滴入纯净水中，你就能直接观察到分子的运动啦。墨水在水中扩散，其实就是墨水中的分子在水中运动。

阳光的照射可以让温度升高，水分子的运动加快，衣服更易变干。
膨胀的乒乓球
把压瘪但没有破损的乒乓球放在热水里，为什么它能重新鼓起来呢？这是因为温度升高，乒乓球内部的空气分子间的间隙会变大，导致气体的体积增加，这样乒乓球瘪掉的地方就会被撑起来了。
我们之所以能闻到花朵的香味，是因为花朵能产生带有香味的分子，而这些香味分子会扩散到空气中，并在周围的空气中运动。当我们靠近花朵时，香味分子会随着我们的呼吸进入鼻腔，这样我们就闻到香味啦。
铅笔可以在白纸上画画，胶水可以将东西粘在一起，染料可以印染在衣服上，都是因为分子之间的引力在起作用。石头、木块、金属……很难被压缩，是因为分子之间的斥力在起作用。
分子斥力
分子之间存在引力和斥力，当我们拉伸或者挤压物体时，会明显地感受到这种力的存在。
分子引力

比分子更小的原子

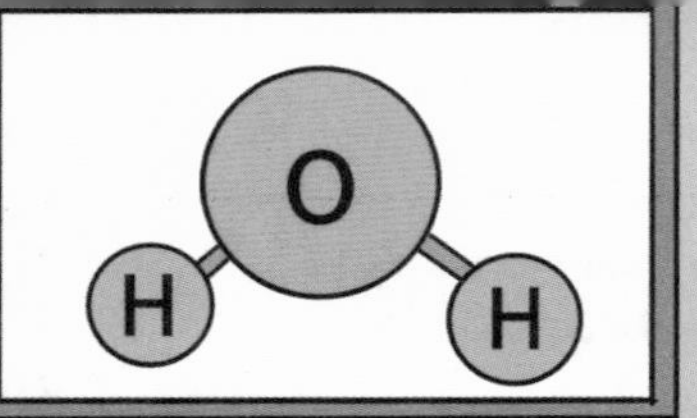
O
H
H

分子结构展览馆
这是什么地方？
这里是分子结构展览馆呀。
上次你说，世间万物绝大多数都是由分子组成的，我就一直对分子很好奇。
既然这样，那我就带你进去看看吧。
哇，好多分子模型呀！好酷！
不过分子模型里这些圆球是什么呀？
这些圆球是组成分子的原子。
正是这些原子组成了分子，分子又组成了物质。
好家伙，好像套娃一样。
那为什么有的圆球是红色的，有的是蓝色的呢？
不同的颜色代表不同的原子。水分子是由1个氧原子和2个氢原子组成的，这里用红色代表氧（O）原子，蓝色代表氢（H）原子。
分子的组合方式也多种多样。
H H
O O
N N

既然分子是原子组成的，那原子是不是比分子还小？
一般情况下是这样。
原子的体积非常小，如果把原子与高尔夫球相比，就相当于把高尔夫球和地球相比。
这也太小了！
我们再往前，看看还有没有什么更有趣的吧！
好！
原子交换器
咦，原子交换器，那是什么？原子还能进行交换吗？
当然可以啦，不信我们来试一试！
交换中
我们把氢气和氧气加到入口端，看看会发生什么。
哇，出口端有东西出来了！这是什么？好像是水！
没错，就是水！
好神奇！为什么会有水出来呢？
我要去那边。
因为氢气和氧气中有氢原子和氧原子。
氢气分子的原子和氧气分子的原子发生了交换，原子重新组合后就产生了新的分子——水分子。
原来是这样，物质原来就是零件组合啊！
哈哈，这就是物质组成的最根本原理哟。

原子的结构和模型

微观世界充满了各种神奇的粒子，大多数物质是由分子组成的，而分子又是由原子组成的。那么问题来了，原子又是由什么组成的呢？

原子核位于原子的中心，质子和中子位于其中。

每一个原子的最中间都有一个叫作原子核的“小房子”，大多数“小房子”里面都住着质子和中子。“小房子”的周围还有像小精灵一样的电子，绕着“小房子”不停地飞来飞去。

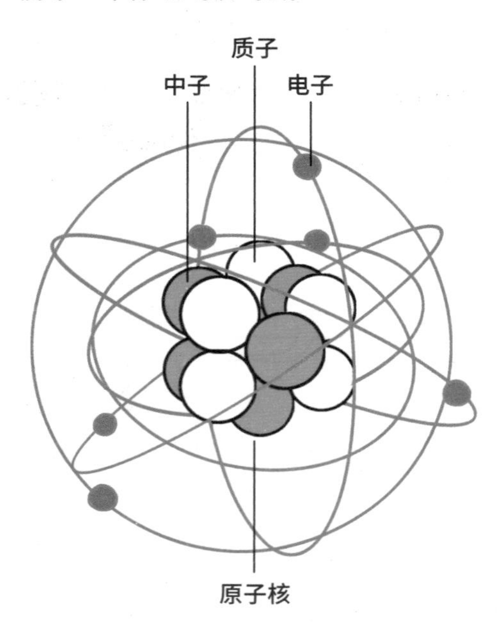

你看，在碳原子的“小房子”里，有6个质子、6个中子，房子外面还有6个电子小精灵在飞舞呢!

电子带负电荷，它围绕着原子核运动，每一个电子都有相对固定的轨道。电子的个数和质子的个数相等。

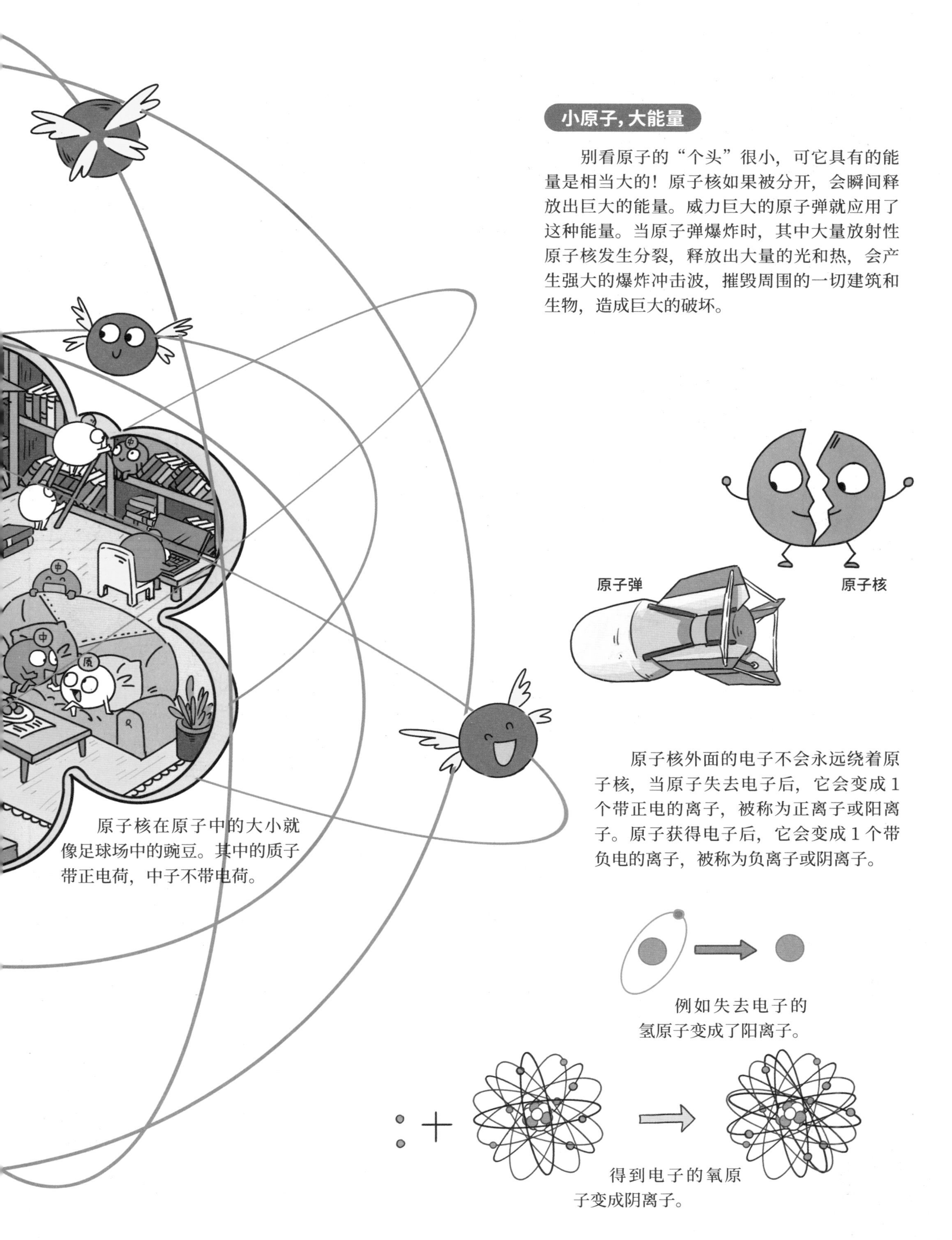

小原子，大能量

别看原子的“个头”很小，可它具有的能量是相当大的！原子核如果被分开，会瞬间释放出巨大的能量。威力巨大的原子弹就应用了这种能量。当原子弹爆炸时，其中大量放射性原子核发生分裂，释放出大量的光和热，会产生强大的爆炸冲击波，摧毁周围的一切建筑和生物，造成巨大的破坏。

原子核在原子中的大小就像足球场中的豌豆。其中的质子带正电荷，中子不带电荷。

原子核外面的电子不会永远绕着原子核，当原子失去电子后，它会变成1个带正电的离子，被称为正离子或阳离子。原子获得电子后，它会变成1个带负电的离子，被称为负离子或阴离子。

例如失去电子的氢原子变成了阳离子。

得到电子的氧原子变成阴离子。

多种多样的元素

你们在干什么？
快来！今天是我的生日，我们一起吃蛋糕呢！
啊，生日快乐呀！那我得送个生日礼物给你。
有礼物收！好开心！
就把这个“世界之图”当作礼物送给你吧。
这不是表格吗？怎么能叫“世界之图”？
这其实是元素周期表。可以说我们所认知的世间万物的构成元素都能在这个表里找到。
咦？我记得你上次跟我说过分子是由原子组成的，元素又是什么东西呢？
O
H
H
O
H
H
O
H
H
你知道原子中有质子吧？若原子的质子数一样，它们就是同一种元素。
呃……那是什么意思？
用氢来举例吧。一般的氢原子的原子核只有1个质子，没有中子。
自然界中的三种氢
但它还存在含有1个或2个中子的兄弟，因为它们质子数都还是1，所以它们都是氢。
但如果氢聚合成原子核里有2个质子的新原子，这就得到了新的元素，它就不是氢，而是氦了。
是和不是……

哈哈，重点就是只以原子中质子的数量来判断元素，就不乱了。
那元素有多少种？
目前已经发现的元素有100多种。
可真是个大家庭呢！
是的！这个大家庭大致可以分为两类：金属元素和非金属元素。
金属元素都有哪些呢？
有很多，比如我们生活中做饭用的铁锅有铁元素，导电用的铜芯电线有铜元素。
O_2
N_2
哇！那非金属元素都有哪些呢？
也有很多，比如氧气中的氧元素、铅笔芯里的碳元素、氮气里的氮元素，都是非金属元素。
C
C
C
C
你猜猜，宇宙中最多的元素是哪一种？
我猜是氧元素！因为空气中到处都是氧气呀。
O_2
O_2
O_2
宇宙中最多的是氢元素。
猜错啦！
我们身边的空气、水等都含有氢元素，宇宙中还有很多由含有氢元素的气体构成的天体呢。
我的气球是不是也有氢元素？
制作气球的橡胶中含有氢元素。
好神奇，好想认识更多有趣的元素！
让我们一起去探索吧！

万物元素大集合

想知道世间万物都是什么元素组成的吗？快来看看这张元素周期表吧，每一个小方格都代表了一种化学元素。首先你会发现每个方格上都有英文字母和一个数字。字母代表元素的符号，比如氧是用字母 O 表示。而数字代表元素的原子序数，也就是这个元素在周期表中的位置。

57 La 镧	58 Ce 铈	59 Pr 镨	60 Nd 钕	61 Pm 钷	62 Sm 钐	63 Eu 铕	64 Gd 钆	65 铽
89 Ac 锕	90 Th 钍	91 Pa 镤	92 U 铀	93 Np 镎	94 Pu 钚	95 Am 镅	96 Cm 锔	97 锫

这种带有小人标记的元素，是人造元素。也就是说它们是在实验室中由科学家们创造出来的元素，通常不能在自然界中找到。

周期表中曲折的红线把元素分成了两类。这线叫作“金属-非金属线”，线的一侧是金属元素，另一侧是非金属元素。真是个神奇的划分方式！

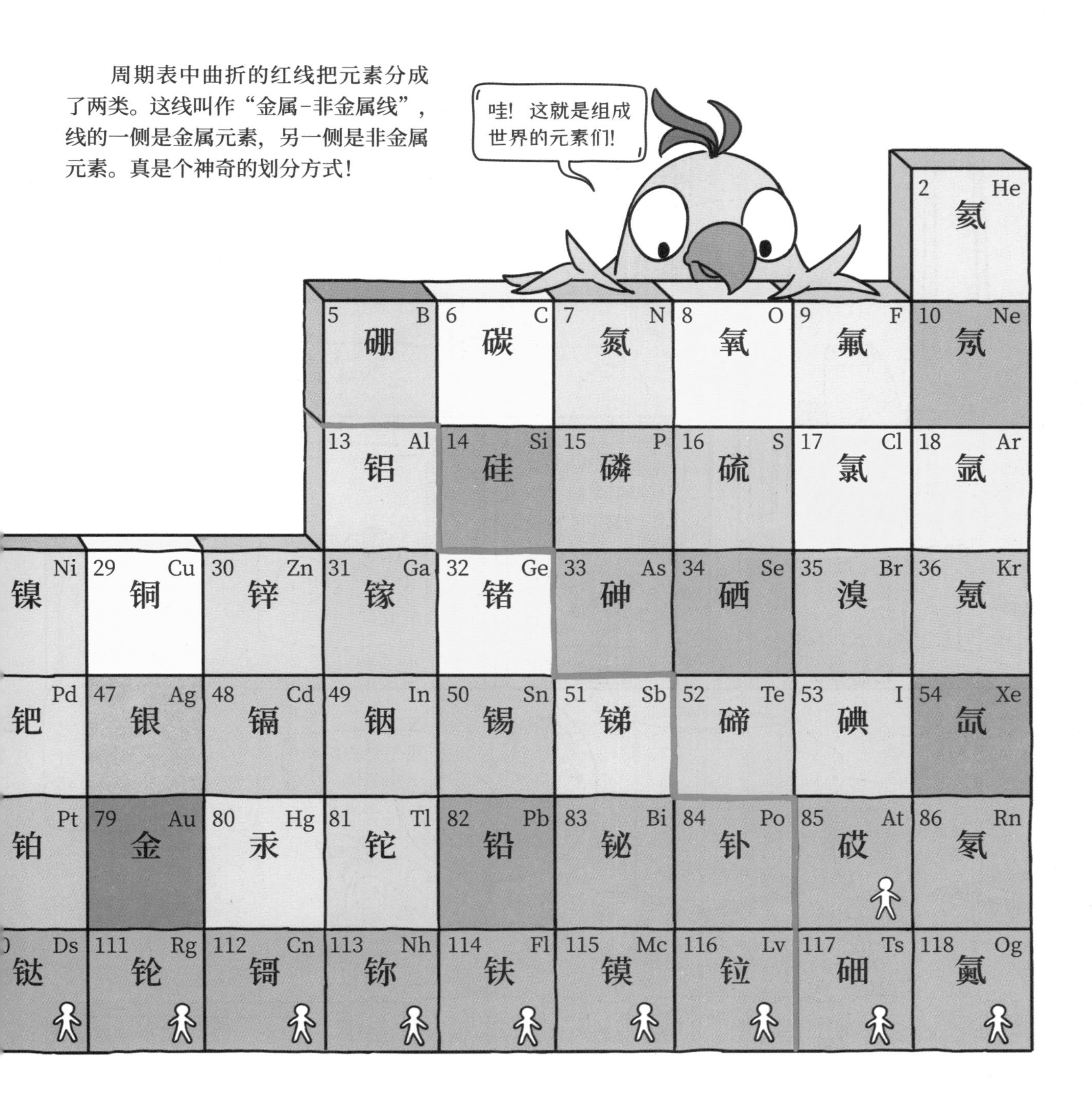

Dy 镝
67 Ho 钬
68 Er 铒
69 Tm 铥
70 Yb 镱
71 Lu 镥
Cf 锎
99 Es 锿
100 Fm 镄
101 Md 钔
102 No 锘
103 Lr 铹

最右边这一列的7个元素是特殊的稀有气体元素，性质很稳定，不容易和其他元素发生反应。你看，夜晚闪亮的霓虹灯中就含有氖气，是不是为我们的城市增添了很多绚丽的色彩？

奇怪的水垢

你在干什么?
快来看，我发现烧水壶里面全是这种白色的东西。
你知道这是什么吗?
这是水垢呀。
这些讨厌的水垢从哪里来的?
我们的自来水里，除了水分子外，还会有一些钙（Ca）元素和镁（Mg）元素。
原来是你们两个小家伙。
水在烧开的过程中，这些元素会形成不溶于水的化合物并析出，就成了你所看到的白色水垢啦!
所有的水烧开都会产生水垢吗?
不是的。硬水产生的水垢比较多，软水几乎没有水垢。
硬水？我见过的水都是软软的呀!
哈哈，这个软硬性质指的是水中含有的钙元素和镁元素的多少。
硬水中钙元素和镁元素的含量比较多，在加热或长久放置后就会产生水垢。而软水中不含这些元素或含量很低，所以就不容易产生水垢啦。
硬水
Ca2+
Mg2+
软水

原来是这样。那它们喝起来口感上会有什么差别吗?
差别还是有的。
硬水喝起来可能会比较干涩,而软水则比较顺滑、柔和。
原来是这样。这么说,软水更好一点?因为它更好喝。
其实本质上没有好坏之分啦,但是日常生活中,软水确实比硬水要更好用一些。
比如你看,同样多的肥皂,用软水洗衣服,会生成更多的泡沫,洗的衣服也会更干净。
真的!
你现在知道该怎么区分硬水和软水了吧?
知道了。
我可以把它们分别烧开,水垢多的是硬水!
还可以先把它们分别装进小试管里,再加等量的肥皂水,然后摇晃,产生泡沫多的是软水!
不错不错,看来你真的分清楚这两种情况了。
嘿!

我们所使用的水

水是地球上最普通、最常见的物质之一，是我们生活中不可或缺的物质。地球表面约有 71% 都是被海洋、湖泊、河流等水体覆盖的。成年人体内约 60% 都是水，水对我们的身体健康和日常生活都非常重要。地球上存在海洋水、湖泊水、河流水、地下水、大气水和生物水等各种形态的水，但这些水大多是无法直接饮用的，需要经过自来水厂的处理才能送入我们的家庭。

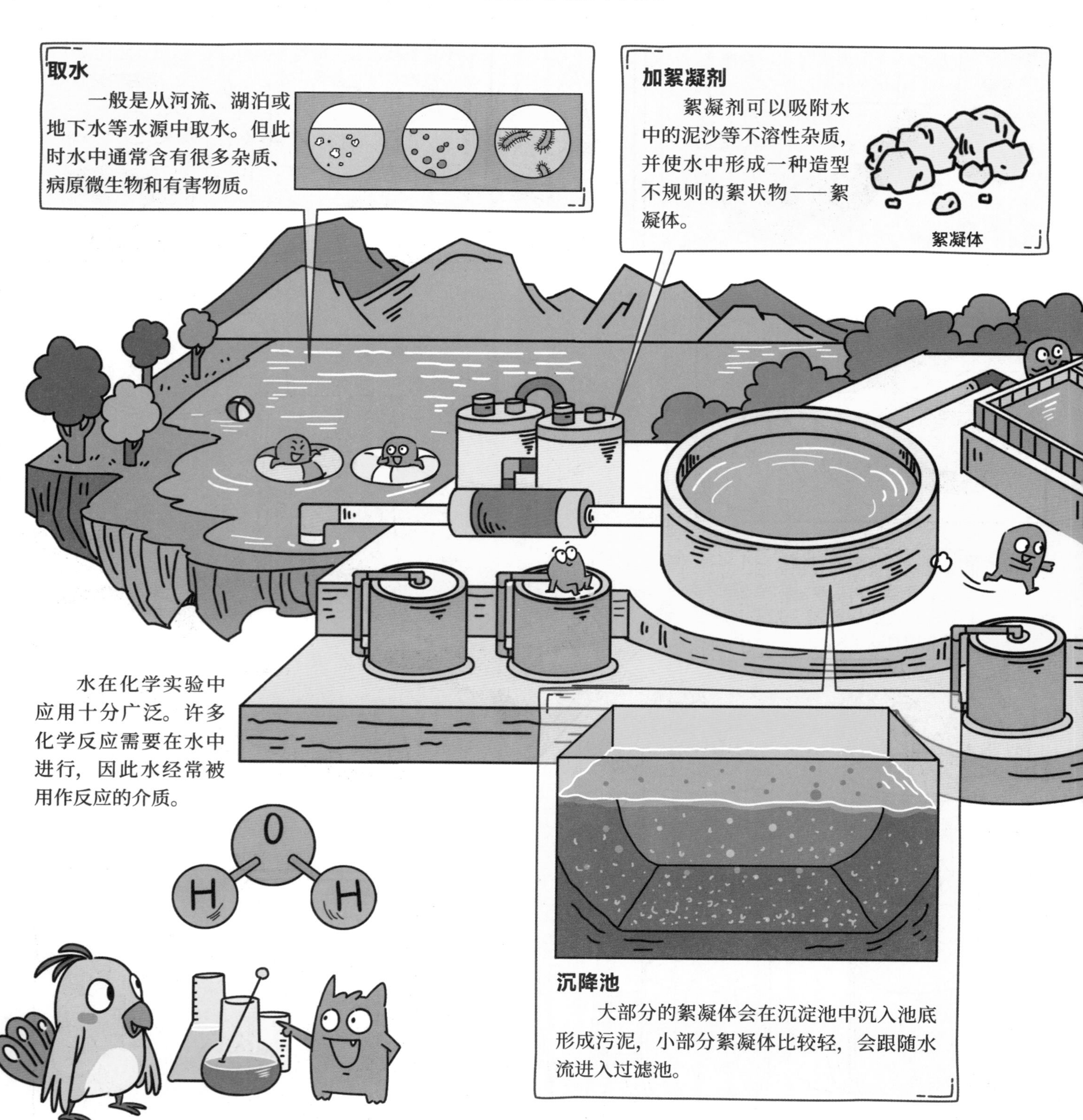

水在化学实验中应用十分广泛。许多化学反应需要在水中进行，因此水经常被用作反应的介质。

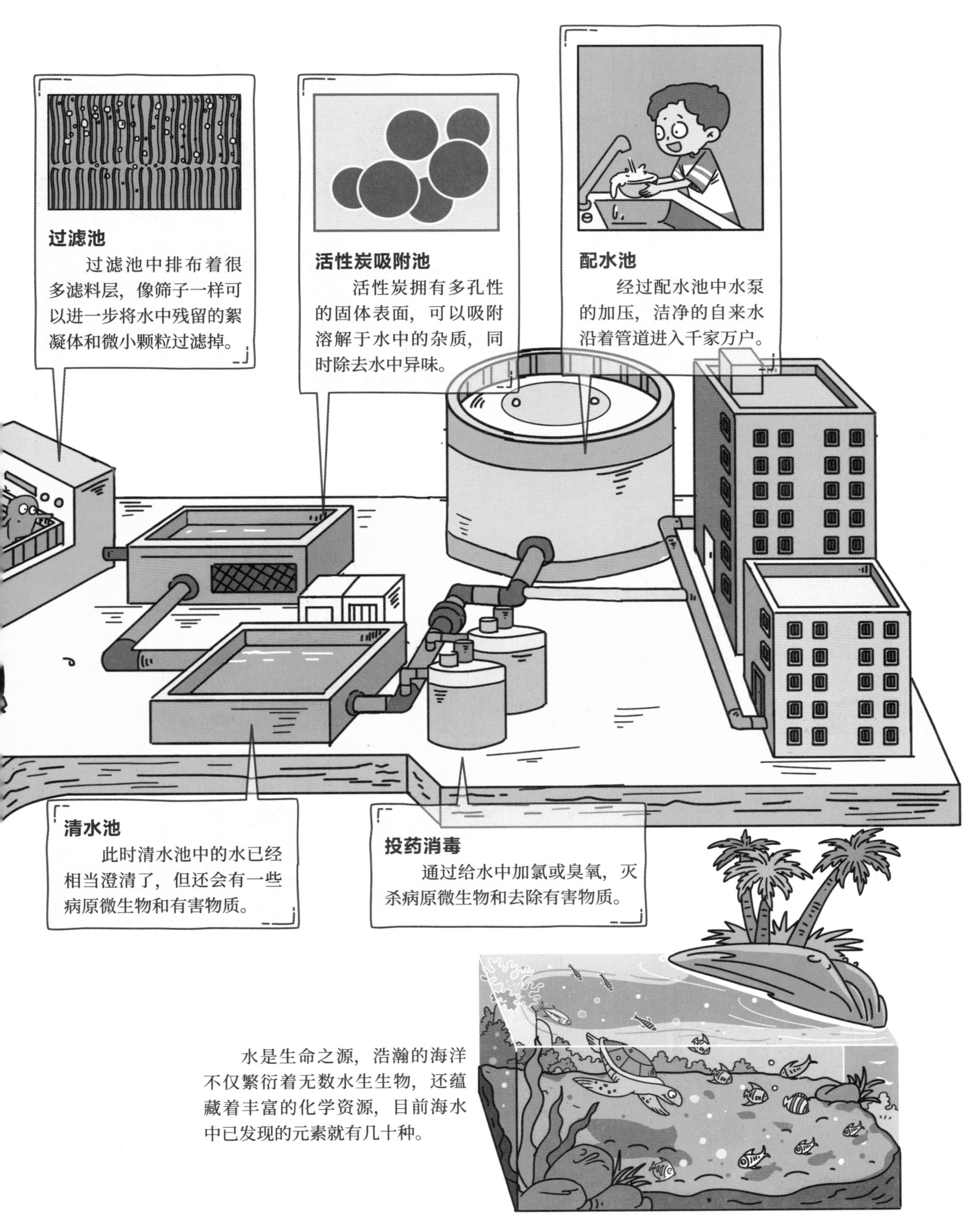

水是生命之源，浩瀚的海洋不仅繁衍着无数水生生物，还蕴藏着丰富的化学资源，目前海水中已发现的元素就有几十种。

空气是什么

O_2
N_2
CO_2
N_2
O_2
今天上课时老师布置了一个作业，可是我怎么都想不出来怎么写。
什么作业呀？或许我可以帮帮你。
空气是什么？
老师让我们想一想空气是什么。
我只知道动物呼吸是为了吸收空气中的氧气，所以空气中一定是氧气最多。
空气中确实有很多氧气，但氧气并不是最多的。
我还以为氧气是最多的。
最多的是氮气。
氮气是什么？
N
N
你看，这就是一个氮气分子。
氮气
空气中有78%都是氮气。
竟然这么多都是氮气！那氮气一定非常有用啦？
氮气可以稳定我们的大气层，保护地球呢。
氮气为我们提供了丰富的氮元素，这些氮元素用处很多，比如给植物施加氮肥能让它们更茁壮。

这么看来氮气真的很重要了。
当然啦，不仅这样，它在我们日常生活中作用也很大呢。
你看这包薯片，里面充的就是氮气。
N2
为了让薯片茁壮成长吗？
当然不是啦！因为充入氮气，不仅能延缓食物变质，还可以防止薯片被压碎。
N2
原来是这样，那除了氧气和氮气，空气中还有什么比较重要的呢？
还有二氧化碳呀。
二氧化碳是植物光合作用的原料，简单来说，空气中的二氧化碳就是植物的“饭”。植物通过从阳光中获取能量，把空气中的二氧化碳“吃”进去，再排出氧气。
CO2
O2
好神奇，植物竟然还可以“吃”空气！
是呢。虽然空气看不见摸不着，但它包含的有趣的东西多着呢，我们继续去探索吧！

我们身边的空气

空气存在于我们生活的每一个角落。当你挥舞手臂时，感觉到的那种轻轻的触碰感，就是空气的作用。空气其实是由很多不同的气体组成的，干燥的空气中最主要的是氮气和氧气，除此外还有少量的二氧化碳、稀有气体等。这些气体也都有它们各自的特点和用处，一起来看看吧！

氮气

氮气无色无味，在空气中的含量很高，是制造氮肥的重要原料。氮气性质很稳定，还可以用作“保护气”。

在食品包装中充入氮气可以延长食品保质期，在灯泡中充氮气可以延长灯丝的使用寿命。

什么是温室气体？

温室气体就像地球表面的一个“大棉被”，二氧化碳、甲烷、氧化亚氮等为主要的温室气体。当温室气体过多时，会导致全球变暖，引发一系列气候问题。

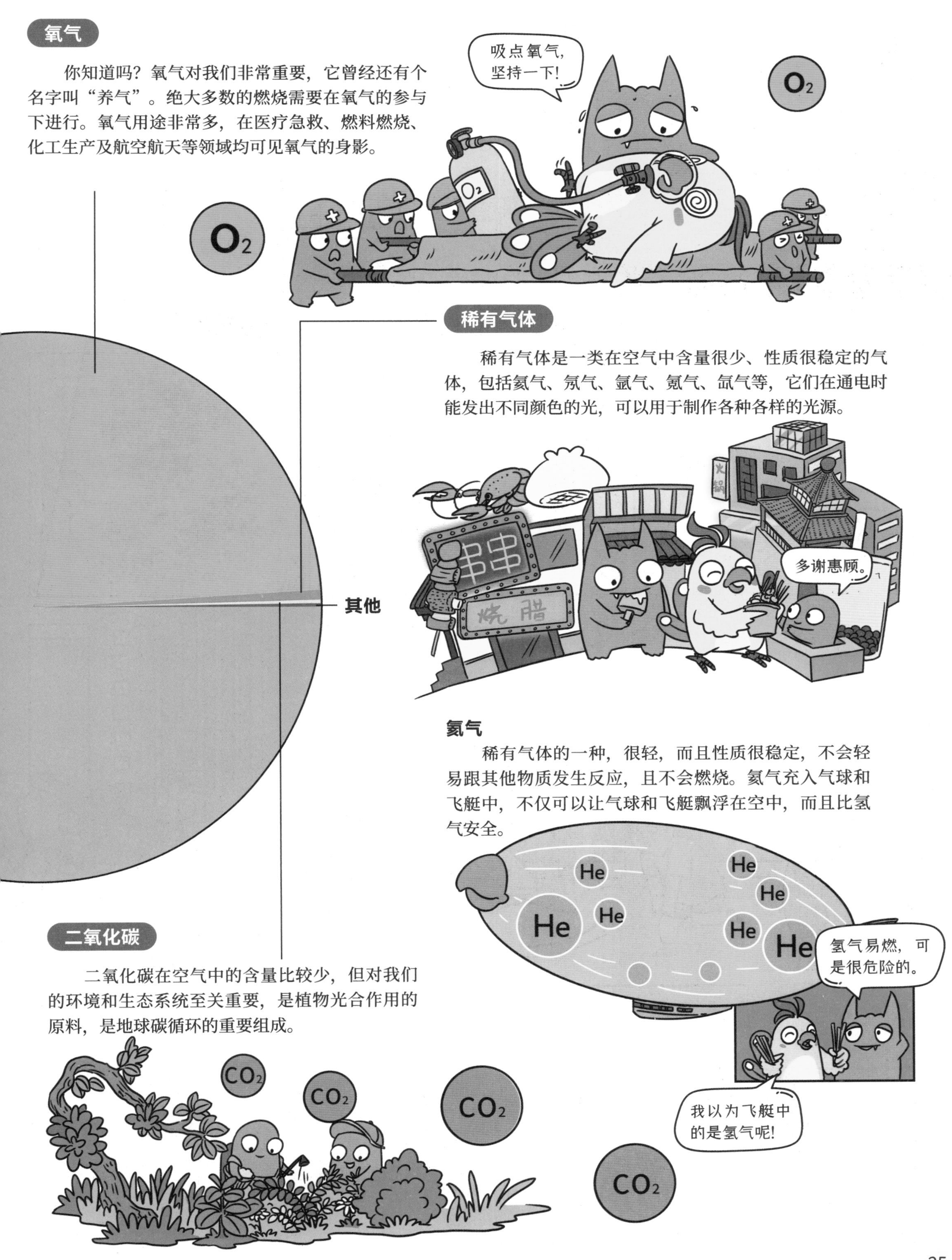

氧气
你知道吗？氧气对我们非常重要，它曾经还有个名字叫“养气”。绝大多数的燃烧需要在氧气的参与下进行。氧气用途非常多，在医疗急救、燃料燃烧、化工生产及航空航天等领域均可见氧气的身影。
吸点氧气，坚持一下!
O_2
O_2
O_2
稀有气体
稀有气体是一类在空气中含量很少、性质很稳定的气体，包括氦气、氖气、氩气、氪气、氙气等，它们在通电时能发出不同颜色的光，可以用于制作各种各样的光源。
串串
烧腊
多谢惠顾。
其他
氦气
稀有气体的一种，很轻，而且性质很稳定，不会轻易跟其他物质发生反应，且不会燃烧。氦气充入气球和飞艇中，不仅可以让气球和飞艇飘浮在空中，而且比氢气安全。
He
He
He
He
He
He
He
氢气易燃，可是很危险的。
我以为飞艇中的是氢气呢!
二氧化碳
二氧化碳在空气中的含量比较少，但对我们的环境和生态系统至关重要，是植物光合作用的原料，是地球碳循环的重要组成。
CO_2
CO_2
CO_2
CO_2

氧气的“超能力”

快来看，我发现了一个奇怪的东西。
这是什么？
这是一个氧气瓶。
里面装的是氧气吗？
对呀。
有了这种便携式氧气瓶，就可以随时补充氧气了。
氧气是动物生存所必需的一种气体，非常重要。你看，在马拉松比赛里，运动员缺氧时就会用它补充氧气。
2
10
5
不过氧气的能力可不止这一点。你看看这个很久没用的铁锅，有什么不一样？
锅底上布满了一层红红的东西。
对，这其实就是空气中的氧气把铁锅表面腐蚀了，红色的东西就是铁锈。
氧气可真厉害，竟然能腐蚀铁。
不只是铁，还有很多，比如铜。

铜被氧化后会生成铜锈。
铜锈？我好像没有见过。
博物馆里就能见到呀。那些青铜制品，上面就有很多绿色的铜锈。
除了能腐蚀金属外，氧气还在燃烧中起到了非常重要的作用。
包括蜡烛的燃烧吗？
当然。哈哈，我们来做一个有趣的实验怎么样？
好呀好呀！
如果我用这个玻璃罩罩住这支蜡烛，你猜这个蜡烛会不会在短时间内自动灭掉？
当然不会呀！玻璃罩把蜡烛保护起来了，没有风吹它，它肯定能一直燃烧下去。
哈哈，玻璃超人罩着你！
哈哈，那我们试试吧。
竟然灭掉了！这是为什么？
因为蜡烛被罩上后，外面的氧气没法进入，里面的氧气一会儿就被消耗完了，蜡烛自然就灭掉了。
没有氧气的话，我们不仅没法生存，也没法点燃蜡烛，没法用燃气做饭……它真是太重要了！
对呀！氧气的用处还有好多呢，走，我带你继续看看！

重要的氧气

无色无味的氧气在我们的世界扮演着非常重要的角色，对我们的身体健康、日常生活，以及工业生产、航空航天等各个方面都非常重要，快来一起看看哪里有氧气的身影吧！

我们平时呼吸的氧气是气态的，但当温度降低到一定程度时，氧气就会液化成液态氧。液态氧通常呈蓝色，温度非常低，需要储存在特殊容器中。

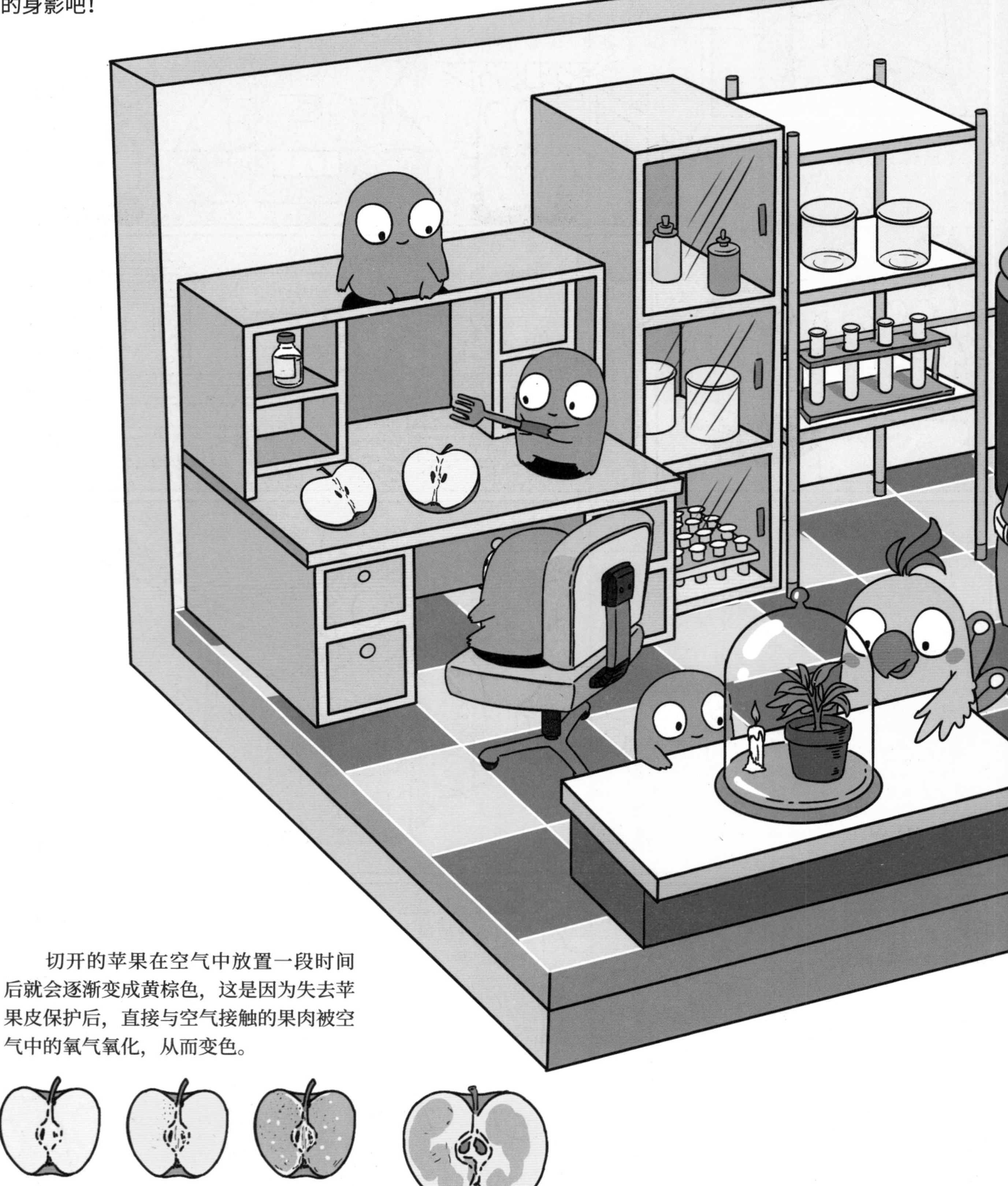

切开的苹果在空气中放置一段时间后就会逐渐变成黄棕色，这是因为失去苹果皮保护后，直接与空气接触的果肉被空气中的氧气氧化，从而变色。

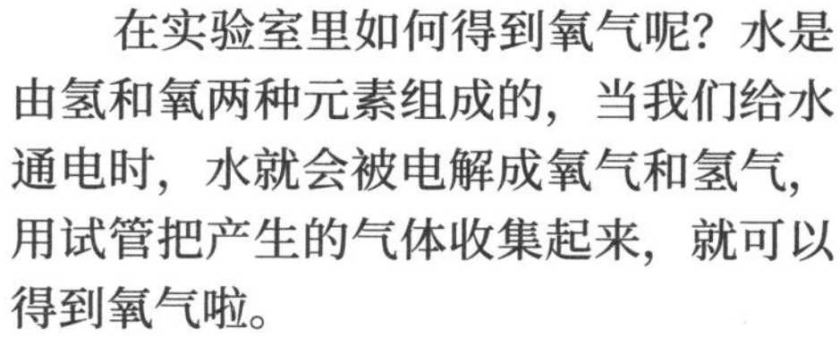

在实验室里如何得到氧气呢？水是由氢和氧两种元素组成的，当我们给水通电时，水就会被电解成氧气和氢气，用试管把产生的气体收集起来，就可以得到氧气啦。

纯度较高的氧气与可燃气体混合后能产生温度极高的火焰，可以使金属熔融，常用在金属的切割和焊接中。

高海拔地区空气比较稀薄，容易使人出现缺氧的症状。所以登山者通常会携带氧气瓶，以保障身体对氧气的需求。

液氧常用在导弹和火箭的推进系统中，液氧帮助燃料燃烧，从而产生大量高温气体，这些气体可以产生强大的推力，推动火箭飞行。

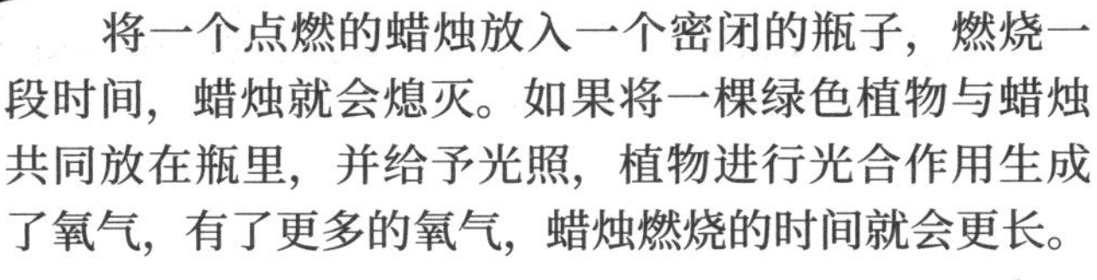

将一个点燃的蜡烛放入一个密闭的瓶子，燃烧一段时间，蜡烛就会熄灭。如果将一棵绿色植物与蜡烛共同放在瓶里，并给予光照，植物进行光合作用生成了氧气，有了更多的氧气，蜡烛燃烧的时间就会更长。

奇妙的二氧化碳

受不了了！我的牙齿好痛！呜呜呜……
怎么啦？我们帮你看看。
你最近是不是经常喝汽水，又不好好刷牙呀？
是呀，最近比较懒。
难怪了，你的牙齿被腐蚀坏了。
汽水里的糖分会在口腔滋生细菌，细菌产生的酸性物质会腐蚀牙齿。而且汽水中有二氧化碳，二氧化碳溶在水里面会让水呈弱酸性，对牙齿也不好。
CO_2
CO_2
啊，我也很喜欢喝汽水，汽水那么甜，怎么会腐蚀牙齿呢？
好可怕……
你们知道吗？二氧化碳还会让人中毒呢！
中毒！
二氧化碳不是在空气中就有吗？
对，会不会中毒要看二氧化碳的浓度。
正常情况
正常情况下，空气中二氧化碳的浓度不高，不会对我们产生影响。
二氧化碳浓度过高
但浓度升高会让人头晕、头痛、注意力不集中。如果二氧化碳浓度过高还会让人呼吸困难甚至死亡。

二氧化碳真讨厌，它不仅让人牙疼，还会让人中毒。
呃……其实二氧化碳的好处还挺多的。
一些灭火器里面装的就是高压的二氧化碳。
二氧化碳可以用来灭火？
因为二氧化碳本身不能燃烧，也不支持燃烧，当然可以用来灭火了。
阻挡火苗！冲啊！
而且给二氧化碳加压并降温到一定程度，气态的二氧化碳就会变成固态，也就是干冰。
我只知道水会结成冰，没想到二氧化碳竟然也会。
干冰和冰可有很大区别。如果我们给冰加热，冰会融化成水。
但如果给干冰加热，它会直接变成二氧化碳气体。
哇！都是白色的烟雾。
因为干冰变成二氧化碳气体的过程会带走很多热量，所以它很适合用于冷藏食物。
你就不许吃了。
我们看表演时舞台上的烟雾，也是用干冰造出来的呢。
好吧，这么听起来二氧化碳还是很有用的。反正我以后再也不喝汽水了，牙齿又开始疼了。
别担心，我们陪你去看牙医吧。

影响广泛的二氧化碳

虽然二氧化碳在空气中的比例很小，只有 0.03%，但是却对自然界至关重要。植物需要二氧化碳来进行光合作用，产生氧气和能量。在我们的日常生活中，也随处可见二氧化碳的身影，比如食品加工、人工降雨、灭火器等。

食品中的二氧化碳

除了我们常见的碳酸饮料里面会充入二氧化碳外，在跳跳糖以及面包的制作过程中，二氧化碳也发挥了关键的作用。

面包发酵

面包在发酵时，内部会生成很多二氧化碳小气泡，在面包内部撑起很多小孔，使面包口感更加蓬松、柔软。

人工降雨

某些干旱地区长时间缺水时，人们会采用人工降雨的方式来补充水分。

1. 将装有干冰的火箭弹发射到云层中。

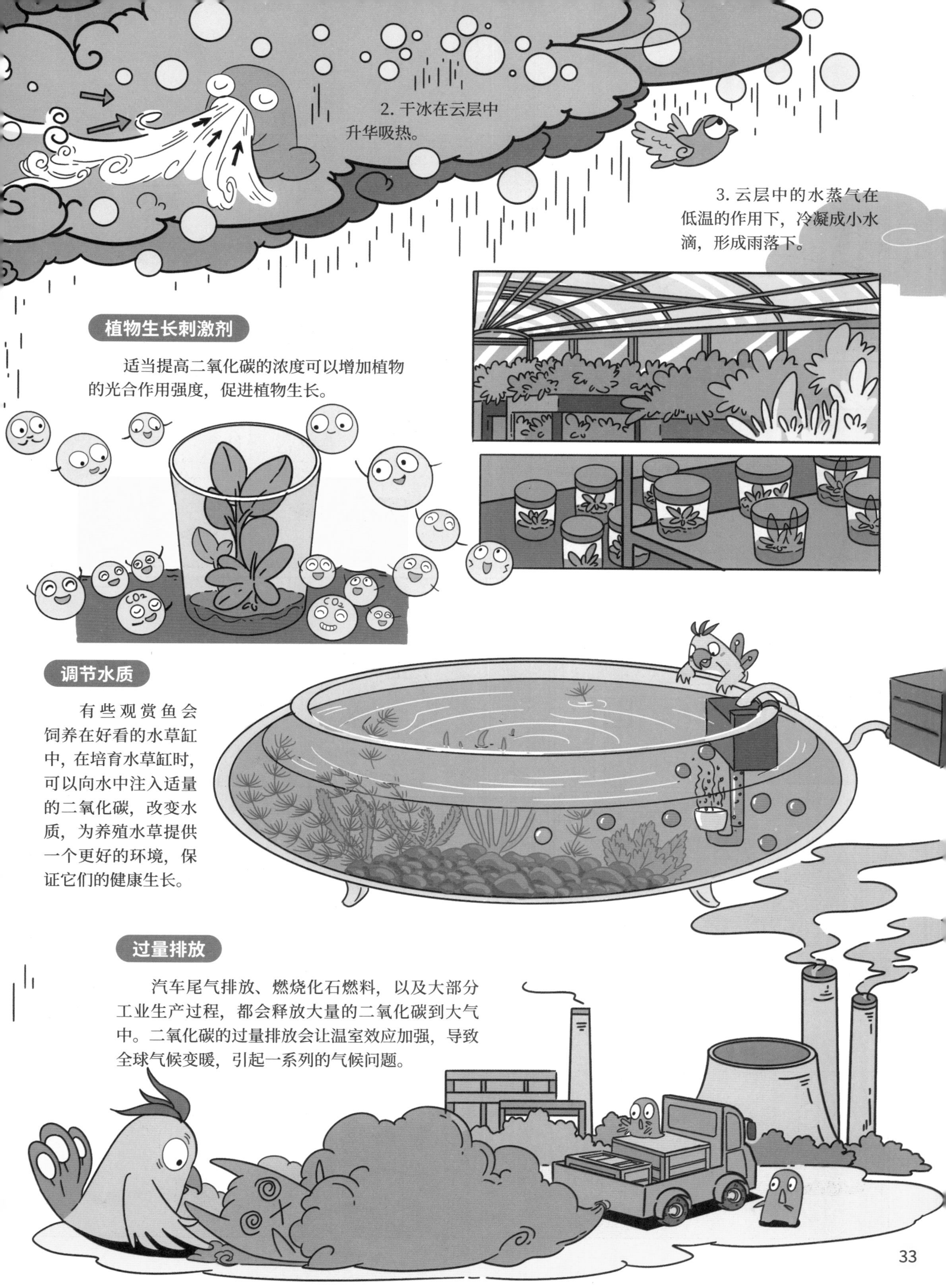

2. 干冰在云层中升华吸热。

3. 云层中的水蒸气在低温的作用下，冷凝成小水滴，形成雨落下。

植物生长刺激剂

适当提高二氧化碳的浓度可以增加植物的光合作用强度，促进植物生长。

调节水质

有些观赏鱼会饲养在好看的水草缸中，在培育水草缸时，可以向水中注入适量的二氧化碳，改变水质，为养殖水草提供一个更好的环境，保证它们的健康生长。

过量排放

汽车尾气排放、燃烧化石燃料，以及大部分工业生产过程，都会释放大量的二氧化碳到大气中。二氧化碳的过量排放会让温室效应加强，导致全球气候变暖，引起一系列的气候问题。

会“变身”的碳

传给我!

看我一脚“世界波”!

哇，传说中的“高射炮”。

你可真行，这下没的玩了。

好无聊，没有球踢了……

还不是怪你。

快看，那里有一个足球!

这个足球长得好奇怪。

别高兴得太早，那个不是足球。

不是吗?

它只是看起来很像足球，但其实它比足球多一个字——足球烯。它的学名叫 C60，是一种富勒烯。

真的很像足球呀。不过足球烯是啥，你知道吗?

完全不知道。

那钻石、石墨你们应该知道吧。

这个我知道!钻石就是戒指上的透明的亮晶晶的东西，也叫金刚石。

石墨是铅笔芯里面的灰黑色的东西。

那就好理解了!

这三种东西，全都是同一种元素组成的，那就是碳元素。

这怎么可能嘛!

它们看起来完全不一样。

同一种元素，还能组成三种完全不同的东西?

你看，这一堆积木，你可以把它拼成房子，也可以把它拼成火车。房子和火车都是同一种方形积木组成的，只是积木的拼搭方式不同!
哦，那我懂了，碳元素就像这个方形积木，三种不同的拼搭方式拼出了足球烯、金刚石、石墨这三种东西。
嗯嗯，这么说就好理解了!
不过碳元素不同的排列方式对它们的性质影响可是非常大的。
比如金刚石是天然存在的最硬的物质，可以用来裁切玻璃、切割大理石。
而石墨却非常细腻柔软，可以用于铅笔、电池的制作。
那长得像足球一样的足球烯，它有什么用呢?
足球烯在日常生活中使用得比较少，它可以制作半导体、太阳能电池等。足球烯更多的是用于科学研究中。
其实在化学中，它们三个还有个共同的名字。
什么名字?
哈哈，想知道的话，跟我来吧!

生命的基石——碳

碳是一种非金属元素，我们身边处处都有它的身影。空气中的二氧化碳中有碳，地下的化石燃料中有碳，甚至我们自己的身体中都含有大量的碳。碳单质不仅可以形成很多种“样子”，还可以和其他元素一起，组合成各种各样的化合物。地球上生命的存在和繁衍都离不开碳元素，让我们一起认识碳元素，了解世界的运作和生命的奥秘吧！

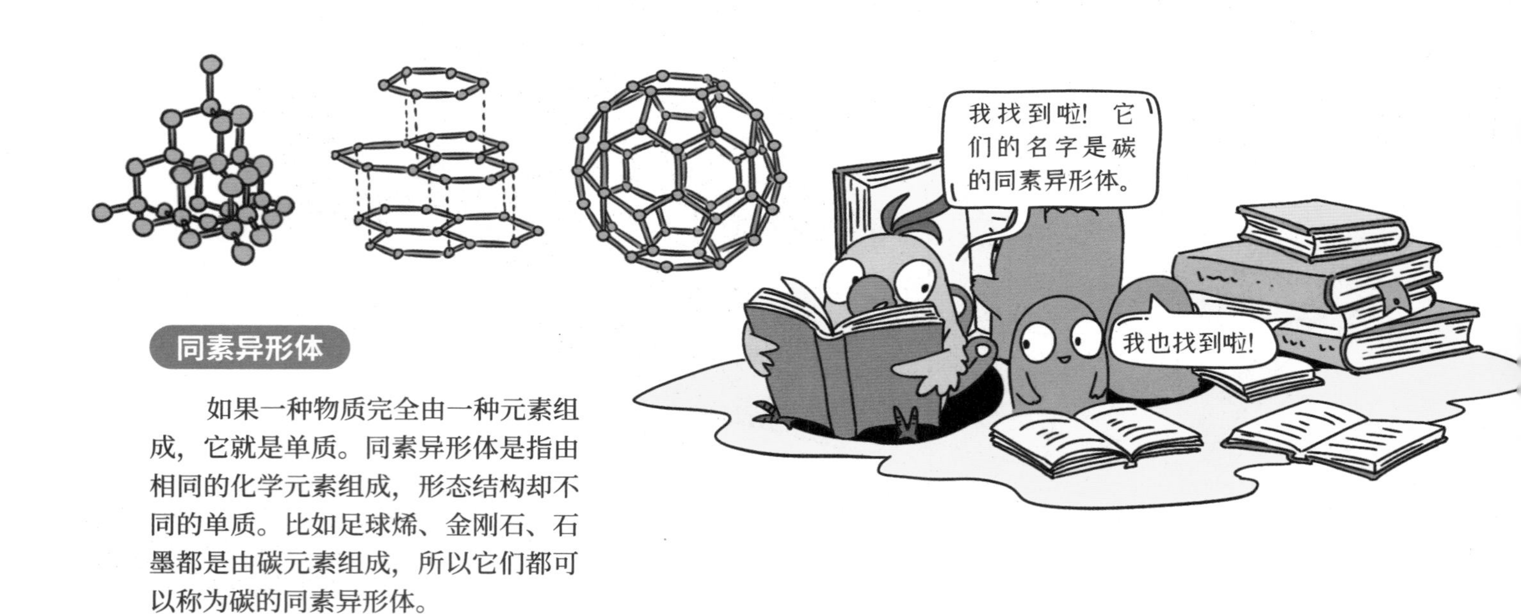

同素异形体

如果一种物质完全由一种元素组成，它就是单质。同素异形体是指由相同的化学元素组成，形态结构却不同的单质。比如足球烯、金刚石、石墨都是由碳元素组成，所以它们都可以称为碳的同素异形体。

食物中的碳

食物中的蛋白质、脂肪、糖都含有大量的碳，我们从食物中获取这些碳，来构建我们自己的身体。

碳循环

植物通过光合作用将空气中以二氧化碳为形式存在的碳固定到身体中，动物吃下植物后，碳就被转移到动物体内，动物通过呼吸又可以重新把碳以二氧化碳的形式排到空气中，这样就可以形成一个简单的碳循环啦。

木炭

木炭是一种可以用于烧烤和烹饪的燃料，它是通过高温加热木材制成的，主要成分就是碳。

碳纤维

碳纤维是由碳原子组成的纤维状材料。这些碳原子排列得非常有序，形成了强韧的纤维结构，而且质量很轻，在航空航天方面应用十分广泛。

活性炭

活性炭是一种经特殊处理的炭，它的表面有很多微小的孔洞，当杂质通过活性炭时，很容易被吸附在这些孔洞里，防毒面具里面的滤毒罐就是利用活性炭来吸附毒气的。

本领多多的金属元素
谁要玩金属卡牌游戏?
我!
我!
这个要怎么玩呢?
很简单的。给你们一人一套写着金属元素名称的卡牌。
每一关我会说一些金属的特点作为提示。
你们来猜是什么金属，并出示对应的金属卡牌，回答正确可以得一分！一共5关，看谁得分多。
?
明白了!
开始吧!
第一关的提示是：人体中含量最多的金属元素。
妈妈经常让我吃菠菜，说是会补铁(Fe)，所以我猜是铁!
Fe
Na
每天吃的盐里面都有钠(Na)，我猜是钠!
都错啦！是钙（Ca）！
我们的骨骼和牙齿里都有很多的钙。
Ca
0:0
竟然是钙!
我们俩都错了，真可惜。
第二关的提示是：耐受高温的小能手。
Au
W
我听过一句话叫“真金不怕火炼”，所以肯定是金（Au）！
不对不对，我记得我在书上看到过，灯泡里的钨丝才是最耐高温的，所以我觉得是钨(W)。

哈哈，正确答案就是——钨！钨的熔点超过3400℃，是最耐高温的金属！
W
又错了……
0:1
太棒了！，我答对了，得一分！
第三关的提示是：电流最好的朋友。
电流最好的朋友？那就是导电性最好……这个我不知道。
Cu
哼哼哼！我知道！是铜！我在电视上看到过，生活中电线里面包的都是铜（Cu）。
错啦！不是铜，是银（Ag）。
啊？又错了，可是我明明记得电视里是这么说的……难道是我记错了？
你没有记错。
Ag
第一名
Cu
第二名
银的导电性是最强的，而铜是第二强的。
那为什么生活中的电线都是用铜，而不是银呢？
对呀对呀，为什么？
因为银太贵了，铜相对便宜一些。日常生活的话，铜完全可以满足我们的导电需求了。
但在一些精密的设备中，就需要用昂贵的银了。
0:1
差点就能得一分了，呜呜呜……
原来是这样。
哈哈，别着急，后面还有题呢。来来来，我们继续……

多种多样的金属

金属是存在于自然界的物质，在我们的日常生活中扮演着非常重要的角色。金属一般都会具有光泽，而且有很好的可塑性和延展性，这使我们可以像捏橡皮泥一样，把金属“捏”成需要的形状。同时，金属还有良好的导电性和导热性，广泛应用于日常生活、工业生产和航空航天等各个方面。每一种金属都有其独特的“性格”，我们一起来认识这些金属吧！

了解金属的“脾气”是玩好这个游戏的关键呢。

快看快看！铬竟然是世界上最“强壮”的金属，我也要向它学习，做一个“硬汉”！

Fe 铁

生活小帮手

铁是我们日常生活中重要的帮手！可以把它制造成许多有用的物品，比如厨房里的铁锅、铁勺，生活中的自行车、汽车等。

Ca 钙

人体中含量最高的金属元素

钙是人体中含量最高的金属元素，它是身体健康所需的关键成分，常吃含钙量高的食物有助于骨骼强壮和牙齿健康。

Au 金

沉稳之星

金是一种非常稳定的金属，不会轻易被腐蚀，还有着漂亮的黄色光芒，常用于制作首饰等装饰品。

注：不要尝试把锂放入水中，会发生剧烈反应，甚至爆炸。

铜
锡
铁
银
铅
钛
金
超级合金大家庭
上次的金属卡牌游戏真好玩，好想再玩一次呀！
我也想再玩一次！
好吧！既然这样，那我们这一次来玩一个升级版的，怎么样？
你们猜，我们用来吃饭的勺子，是什么金属做的？
我知道！勺子这么硬，一定是铁！
Fe
铁
VS
Ag
银
不对不对，这个勺子会发出银色的光芒，一定是银！
都错啦！这个勺子是不锈钢材质的！
不锈钢
不锈钢？我这里没有这种金属呀，你那里有吗？
我也没有。
钙
钨
铁
金
铜
银
镉
钴
哈哈，不锈钢不是一种金属的名称，它是合金，是多种元素混合起来形成的。
原来是很多种原料混合起来的。
难怪怎么都找不到。
我们来把组成不锈钢的元素放进这个“不锈钢之家”吧！
让我看看都有什么！有铁、铬……
还有镍。

碳：非金属
碳？碳好像不是金属呀，它是不是走错地方了？
没有错！合金里面除了主要的金属元素外，也会加一些非金属元素。
合金真是个超级大家庭！
可是为什么要把它们组合在一起呢？
C
碳
单独的金属不好吗？
科学需要验证。我们来做个实验吧！
黄铜是铜锌合金，将纯铜片和黄铜片互相刻划看看会发生什么吧。
纯铜片上被划出了一道道划痕！
纯铜
黄铜
黄铜
纯铜
说明黄铜比纯铜硬！
我的身体中充满了其他元素带来的力量！
合金的性质可以随加入的元素而改变。
我可以耐高温！
我们还可以变得更加坚固。
哇！真是团结力量大！
所以，合金的性质会比单纯的金属好很多，这也是为什么我们要把各种元素混在一起使用。
是真的呀，宇宙飞船的外壳就是由钛合金制造的。
我听说有一种合金，可以用来制作宇宙飞船，这是真的吗？
这么厉害！
我要去找找哪里还有合金！
我也去！等等我……

无处不在的合金

从合金的名字就可以猜出来吧？它是由多种化学元素“合”在一起形成的。它的制作方法是将不同的元素熔化混合后，再冷却固化，形成一种全新的材料。通过这种特殊的组合，合金拥有比单一金属更好的性能，因此应用非常广泛。生活中都有哪些合金呢？我们一起来找找吧！

不锈钢

不锈钢是一种由铁、铬和其他元素组成的合金，铁赋予不锈钢坚固的特性，而铬则赋予不锈钢抵御锈蚀的能力，能够长时间保持亮丽如新的外观，这就是为什么它叫作“不锈钢”了。

不锈钢为什么不会生锈？

不锈钢中的金属铬能与空气中的氧气结合，形成一层薄薄的氧化层。这层氧化层就像一个保护盾，保护着不锈钢不被侵蚀。

白铜

硬币一般是由白铜制成的，白铜是铜和镍组成的合金。它耐磨、抗腐蚀，还易于加工，因此还可代替银做成饰品。

铝合金
金属铝又轻又软，但加入铜、硅、镁、锌等“小伙伴”之后，马上能变得“刀枪不入”，强度和硬度都大幅提高，不仅可以用来做防盗门窗，飞机、火箭、轮船的制造也都少不了它。
黄铜
黄铜是由铜和锌组成的合金，因颜色发黄而得名。机械性和耐磨性都很好，可以用于制作乐器。
合金的发现和应用可以追溯到几千年前！古代人发现将铜与锡混合可以制造出青铜，这是人类历史上最早的合金之一。
这么早的时候就有合金了，古人真聪明！
青铜
青铜是由铜和锡组成的合金，比铜更硬、更耐磨，因此广泛用于制作古代的器物、乐器和雕塑等。
焊锡
用来焊接的材料通常是锡的合金，因此又称为焊锡，由金属锡和铅组成，熔点很低，可以用来焊接线路和电子元件。